KB134726

COCKTAIL RECIPE

칵테일 레시피

마시고 싶으니 일단 그려보자!

A Slice of Orange

17% ale./vol.

Dry Gin

Lemon Juice

Soda Water

Sugar

Cherry Brandy

Maraschino Cherry

| 글·그림 타시 |

GORDON'S

Lony Lemon

TREVI Plain

BOLS Cherry Brandy

BOLS

MARASCHINO RED CHERRIES

i THINK
아이생각

칵테일 레시피

| 만든 사람들 |
기획 실용기획부 | 원고관리 양종엽 | 집필 타시 | 편집·표지 디자인 원은영 · D.J.I books design studio

| 책 내용 문의 |
도서 내용에 대해 궁금한 사항이 있으시면
저자의 홈페이지나 아이생각 홈페이지의 게시판을 통해서 해결하실 수 있습니다.

아이생각 홈페이지 www.ithinkbook.co.kr
아이생각 페이스북 www.facebook.com/ithinkbook
디지털북스 카페 cafe.naver.com/digitalbooks1999
디지털북스 이메일 djibooks@naver.com
저자 이메일 mctasy@naver.com
저자 인스타그램 @illustrator_tasy

| 각종 문의 |
영업관련 dji_digitalbooks@naver.com
기획관련 djibooks@naver.com
전화번호 (02) 447-3157~8

———

어쩌다 보니 조주기능사 자격증도 없는 그림 그리는 사람이 칵테일 책을 내게 되었습니다. 칵테일을 좋아하기는 했지만 자주 마시지는 않았기에, 수많은 칵테일들의 레시피를 정리하고 그 맛을 그림으로 섬세하게 표현할 수 있을까? 걱정이 앞섰습니다. 저 또한 칵테일은 데이트를 위한 술이라 생각하던 시기가 있었고, 바텐더를 해본 적 있던 친구의 집에서 칵테일을 마시게 되며 가끔씩 홈텐딩을 시도했던 것이 전부였습니다. 도서관과 인터넷에서 칵테일 자료들을 모아 정리하기 시작하였고, 친구와 함께 칵테일 바에 들러 이런저런 맛에 대한 대화를 나누기도 했습니다. 1년 동안 칵테일에 대한 고민을 하다 보니 칵테일을 많이 좋아하게 되는 것은 당연한 일이었습니다. TV에서 칵테일이 나오기만 해도, 서점에서 칵테일 책을 보기만 해도, 두근두근 기분이 좋아지고 맛있는 칵테일이 마시고 싶어졌습니다.

저에겐 레시피 노트가 하나 있는데 커피, 술, 과일청 등의 맛과 레시피가 적혀있습니다. 음료나 요리를 만들면 레시피를 적어두고 계속해서 수정되는 내용을 추가합니다. 그러면서 저만의 입맛에 맞는 레시피를 찾고 있는 것이죠. 칵테일은 술을 그대로 마시지 않고 취향에 따라 독특한 맛과 빛깔을 내서 마시는 혼합주입니다. 기본 레시피는 언제든 변화될 수 있으며 레시피는 헤아릴 수 없을 만큼 다양합니다. 자신만의 입맛에 맞는 칵테일을 만드는 즐거움이 있는 것이죠. 역시 제 레시피 노트에도 칵테일이란 장르가 큼지막하게 새로 추가될 듯합니다.

이 책에 나와 있는 레시피는 칵테일마다 가장 기본적인 레시피에 해당됩니다. 정해진 좋은 맛을 그대로 먹는 것도 좋지만 여러분들도 취향에 따라 자신만의 맛을 만드는 즐거움을 알았으면 좋겠습니다.

이 책을 만드는 데 도움을 주신 모든 분들께 감사합니다.

칵테일을 그리는 내내 행복했고, 앞으로 마시게 될 칵테일을 생각하니 더 행복할 것 같습니다.

저 자

타시

CONTENTS

보드카 / Vodka

럼 / Rum

위스키 / Whisky

≡ 셰이크 Shake

셰이커에 얼음과 재료를 넣고 흔드는 방법.

코스모폴리탄   마가리타   다이키리   바카디

≡ 빌드 Build

기구를 사용하지 않고 재료를 직접 글라스에 넣는 방법.

올드 패션드   쿠바 리브레   네그로니   모스크바 뮬

≡ 스터 Stir

믹싱글라스에 얼음과 재료를 넣고 바 스푼으로 저은 후 스트레이너로 거르는 방법.

맨해튼   마티니

≡ 플로팅 Floating
밀도 차이를 이용하여 여러 종류의 술을 섞이지 않게 층을 나누는 방법.

푸스 카페　　　　　　 B-52

≡ 블렌딩 Blending
블렌더를 사용하여 얼음과 재료를 넣고 갈아주는 방법.

피나콜라다　　　　블루 하와이안

≡ 칠링 Chilling
글라스를 미리 차갑게 하는 것. 얼음이 들어가지 않는 대부분의 차가운 칵테일은 칠링을 한다.

≡ 프라페 Frappe

잘게 부순 얼음 위에 술을 넣은 것으로 빨대를 이용해 마신다.

＊ 종이빨대를 사용하면 환경을 보호할수 있다.

민트 프라페

≡ 스퀴즈 Squeeze

과일의 즙을 짜는 것.

≡ 리밍 Rimming

칵테일 가장자리에 레몬즙을 묻힌 후 설탕, 소금 등을 묻히는 기법. 스노 스타일이라고도 한다.

슬라이스 Slice

과일을 얇게 썬 것.

   ＋ 과일 껍질은 사용 전에 베이킹 소다로 세척해야 한다.

필 Peel

과일 껍질을 필러(감자칼)로 얇게 벗겨 비튼 것을 말한다.

웨지 Wedge

과일을 6등분 또는 8등분으로 썬 것이다.

셰이커 Shaker

칵테일 재료를 얼음과 함께 넣고 흔들어 빠른 시간에 차갑게 혼합할 때 사용하는 도구이다.

지거 Jigger

두 개의 컵이 마주 붙어 있는 모양의 계량컵이다. 30ml(1oz), 45ml(1.5oz) 용량이 표시된 지거가 사용하기 편리하다.

필러 Peeler

야채, 과일 등의 껍질을 벗길 때 사용하는 도구이다.

바스푼 Bar Spoon

칵테일 재료를 휘저을 때 사용되며 보통 스푼보다 길이가 길다.

블렌더 Blender

혼합하기 어려운 재료들을 섞거나, 잘게 부순 얼음과 재료를 넣고 프로즌 스타일을 만들 때 사용하는 믹서이다.

칵테일 픽 Cocktail Pick

칵테일을 돋보이게 하는 장식을 할 때 사용하는 도구이다.

머들러 Muddler

과일이나 허브 재료를 으깰 때 사용하는 도구이다.

믹싱 글라스 Mixing Glass

셰이커를 사용하지 않고 재료를 섞을 때 사용하는 글라스이다.

스트레이너 Strainer

믹싱 글라스에서 혼합한 술을 따를 때 얼음을 걸러주는 도구이다.

스퀴저 Squeezer

레몬, 오렌지 등 과일의 즙을 짤 때 사용하는 도구이다.

림(Rim)

볼(Bowl)

스템(Stem)

베이스(Base)

칵테일 글라스 종류 알아보기

＊ 구매하는 글라스 용량은 대표 용량과 다를 수 있으니 제조 전에 확인하도록 한다.

＊ 모든 음료는 사용하는 글라스의 용량에 맞춰 레시피의 비율을 조정한다.

칵테일 글라스 Cocktail Glass / 마티니 글라스 Martini Glass

(대표 용량 3~7온스, 90ml~210ml)

역삼각형 모양의 bowl과 stem을 가진 글라스.

\# 코스모폴리탄   \# 마티니   \# 맨해튼

리큐어 글라스 Liqueur Glass / 셰리 글라스 Sherry Glass

(대표 용량 2온스, 60ml)

리큐어를 스트레이트로 마시거나 플로팅(띄우기) 기법을 하기 위한 글라스.

\# 푸스 카페   \# B-52

사워 글라스 Sour Glass

(대표 용량 5온스, 150ml)

사워 스타일의 칵테일에 사용하는 글라스.

\# 위스키 사워

마가리타 글라스 Margarita Glass

(대표 용량 6~12온스, 180ml~360ml)

테킬라 베이스의 마가리타를 만들 때 사용하는 글라스. 넓은 윗부분(림rim)을 가진 것이 특징이다.

\# 마가리타

플루트 Flute

소서 Saucer

샴페인 글라스 Champagne Glass

(대표 용량 6온스, 180ml)

스파클링 와인을 위한 글라스. 윗부분이 넓은 소서 글라스와 길이가 긴 플루트 글라스가 있다. 플루트 글라스는 길이가 길어 스파클링의 지속시간이 길다.

미모사(플루트) # 블랙 벨벳(플루트)

핑크 레이디(소서) # 블루 라군(소서)

허리케인 글라스 Hurricane Glass

(대표 용량 14온스, 420ml)

롱 드링크, 트로피컬 칵테일에 주로 사용된다. ◦ 트로피컬 칵테일: 열대 과일을 사용한 칵테일.

피냐 콜라다 # 블루 하와이안

와인 글라스 Wine Glass

(대표 용량 12~14온스, 360~420ml)

와인글라스는 레드 와인글라스, 화이트 와인글라스, 샴페인 글라스, 디저트 와인글라스가 있고, 레드 와인글라스는 보르도(Bordeaux) 글라스, 부르고뉴(Bourgogne) 글라스가 있다.

상그리아

올드 패션드 글라스
Old Fashioned Glass

락 글라스
Rock Glass

올드 패션드 글라스 Old Fashioned Glass

(대표 용량 6~10온스, 240~300ml)

위스키를 얼음과 함께 마실 때 사용하는 글라스. 올드 패션드 글라스는 지름이 일정하며 락 글라스는 지름이 일정하지 않다.

온 더 락 # 올드 패션드 # 캄파리 소다

샷 글라스 Shot Glass / 스트레이트 글라스 Straight Glass

(대표 용량 1, 2온스, 30, 60ml)

위스키를 스트레이트로 마시기 위한 글라스. 30ml(싱글)과 60ml(더블)이 있다.

`# B-52`

하이볼 글라스 Highball Glass

(대표 용량 8~12온스, 240~360ml)

롱 드링크에 사용되는 길이가 길고 지름이 일정한 글라스.

`# 하이볼` `# 스크류 드라이버`

콜린스 글라스 Collins Glass

(대표 용량 12~14온스, 360~420ml)

롱 드링크에 사용되며 하이볼 글라스보다 약간 더 크다.

`# 톰 콜린스` `# 롱 아일랜드 아이스 티`

필스너 글라스 Pilsner Glass

(대표 용량 11온스, 330ml)

맥주를 마실 때 주로 사용되는 길고 얇은 지름의 글라스. 아래에서 위로 갈수록 조금씩 넓어진다.

`# 레드 아이` `# 싱가포르 슬링`

핫 글라스 Hot Glass

(대표 용량 9온스, 270ml)

내열 유리로 만들어진 글라스로 열 팽창률이 작아 따뜻한 음료에 사용 가능하다.

`# 핫 버티드 럼` `# 핫 토디`

아이리시 커피 글라스 Irish Coffee Glass

(대표 용량 8~10온스, 240~300ml)

내열 유리로 만들어진 핫 글라스 중 하나로 아이리시 커피에 주로 사용된다.

`# 아이리시 커피`

보드카　럼　위스키　진　와인　브랜디　리큐어　테킬라　맥주　커피

보드카

밀, 보리, 호밀을 주원료로 한 무색, 무취, 무미의 고알코올 증류주이다.

럼

당밀이나 사탕수수로 발효시켜서 증류한 술이다. 뱃사람의 술이라 하여 옛날부터 카리브해에서 널리 마셔 왔다.

위스키

맥아를 주원료로 하여 발효시켜서 증류한 술이다. 옥수수, 감자 등도 원료로 사용한다.

진

곡물을 원료로 하여 증류한 술에, 주니퍼 베리를 주원료로 하고 향료 식품을 첨가하여 재증류한 술이다.

와인

포도의 과즙을 발효시켜 만든 양조주이다. 종류에는 레드, 화이트, 로제, 스파클링, 디저트 와인 등이 있다.

브랜디

발효시킨 과일즙이나 와인을 증류해서 만든 술의 총칭이다.

리큐어

증류하여 만든 주정에 과실, 과즙 등의 성분을 넣고 감미료를 넣은 혼성주이다.

테킬라

다육식물인 용설란 수액을 채취해 발효시킨 후, 증류해 만든 멕시코의 술이다.

맥주

보리를 싹 틔워 만든 맥아로 즙을 만들어 여과한 후, 홉을 첨가하고 효모로 발효시켜 만든 술이다.

커피

커피나무에서 생산된 생두를 볶은 뒤, 곱게 분쇄하고 물을 이용하여 추출해 낸 음료이다.

1pint	16oz	473ml
1cup	8oz	236.6ml
1oz	1oz	30ml
1Tsp (Table Spoon)	1/2oz	15ml
1tsp (Tea Spoon)	1/6oz	5ml
1dash	1/32oz	
1drops	1/6dash	

* 1cup: 미국은 대략 240ml를 사용하고 한국은 200ml를 표준으로 한다.
* 1dash: 병에 담긴 내용물이 가득할 경우 한 번 툭 쳤을 때 나오는 양.

VODKA BASE

보드카 베이스

1

보드카
베이스

COSMOPOLITAN
코스모폴리탄

◇◇◇◇◇◇◇◇

보드카 30ml, 쿠앵트로 또는 트리플 섹 15ml, 라임주스 15ml,

크랜베리주스 15ml, 레몬필 또는 라임필

Lemon peel or Lime peel

24% ale./vol.

Vodka　　Lime Juice　　　　Cranberry Juice　　Cointreau or Triple Sec

 # 코스모폴리탄은 도시적인 이미지에 세련된 맛으로 뉴욕 여성들에게 인기 있는 칵테일이다.

───────────────── 만드는 방법 ─────────────────

= 셰이크 Shake

1 ─ 셰이커와 칵테일 글라스에 얼음을 넣어 잔을 차갑게 한다.

2 ─ 셰이커에 보드카 30ml, 크랜베리주스 15ml, 라임주스 15ml,
쿠앵트로 또는 트리플 섹 15ml를 넣고 셰이킹한다.

3 ─ 글라스의 얼음은 빼고, 셰이커의 얼음은 셰이커 뚜껑에 있는 스트레이너로 거른 후
칵테일 글라스에 따른다.

4 ─ 레몬필 또는 라임필로 장식한다.

칵테일 글라스 5oz

⁎ 라임주스 대신 라임즙을 사용할 수 있다.

───────────────── TIP ─────────────────

레몬(라임)필이란 레몬(라임) 껍질을 필러(감자칼)로 얇게 벗겨 비튼 것을 말
한다. 모든 과일의 필을 장식할 때는 글라스의 가장자리에 과일즙을 발라
주는 것이 좋다.

- -

칠링(Chilling): 글라스를 미리 차갑게 하는 것을 칠링이라고 한다. 얼음이 들
어가지 않는 대부분의 차가운 칵테일은 칠링을 한다.

셰이커   지거   필러(감자칼)

───────────────── 그려보기 ─────────────────

빨간색 면적을 진하게 색칠한다. 칵테일 윗면은 빨간색과 흰색을 번갈아가며 색칠한다. 글라스의 외곽을 다듬으며 마무리한다.

⁎ 흰색은 진한 색을 파스텔 톤으로 바꿔준다.

보드카
베이스

SCREW DRIVER
스크루 드라이버

◇◇◇◇◇◇◇◇

보드카 45ml, 오렌지주스, 오렌지 슬라이스

20% ale./vol.

Vodka · Orange Juice

A Slice of Orange

스크루 드라이버는 중동 유전에서 일하던 한 미국인이 갈증을 풀기 위하여
보드카를 오렌지주스 통에 몰래 넣고, 공구인 드라이버로 저어서 마셨다고 하여 붙은 이름이다.

만드는 방법

═ 빌드 Build

1 ─ 얼음이 담긴 하이볼 글라스를 준비한다.

2 ─ 보드카 45㎖를 넣고 오렌지주스를 8부까지 채운다.

3 ─ 바 스푼으로 가볍게 저어주고 오렌지 슬라이스로 장식한다.

하이볼 글라스 8oz

TIP

지거   바 스푼

오렌지 블로섬은 스크루 드라이버에서 베이스를 드라이 진으로
바꾼 것이다.

- -

하비 월뱅어는 스크루 드라이버에
갈리아노를 추가한 것이다.

준비: 보드카 45㎖, 갈리아노 15㎖, 오렌지주스

그려보기

얼음의 형태를 잡으며 스케치 라인을 잡아준다. 밑색을 채우고 명암을 더 넣는다.

1

보드카
베이스

MOSCOW MULE
모스크바 뮬

◇◇◇◇◇◇◇◇

보드카 45ml, 라임주스 15ml, 진저에일,
레몬 또는 라임 슬라이스

14% ale./vol.

Vodka   Lime Juice   Ginger ale

A Slice of Lemon or Lime

\# 1946년 미국의 스미노프 보드카 판매자 잭 마틴과 그의 친구 잭 모건이 만든 칵테일로
모스크바의 노새라는 뜻을 가지고 있다.

───────────── 만드는 방법 ─────────────

≡ 빌드 Build

1 — 얼음이 담긴 하이볼 글라스 또는 동 머그컵을 준비한다.

2 — 보드카 45ml, 라임주스 15ml를 넣고 진저에일을 8부까지 채운다.

3 — 바 스푼으로 가볍게 저어주고 레몬 또는 라임 슬라이스로 장식한다.

하이볼 글라스 8oz

동 머그컵 10oz

───────────── TIP ─────────────

지거   바스푼

뮬(Mule)은 노새라는 뜻이지만, 킥이 강한 음료나 노새 뒷발에 차인듯한 느낌의 술, 고집쟁이라는 의미도 있다.

───────────── 그려보기 ─────────────

전체적인 스케치 라인을 잡아주고 밑칠을 시작한다. 흰색과 밝은 노란색으로 컵을 다듬는다.

보드카
베이스

BLUE LAGOON

블루 라군

◇◇◇◇◇◇◇

보드카 30ml, 블루 큐라소 20ml, 레몬주스 20ml,

오렌지 슬라이스 , 마라스키노 체리

26% ale./vol.

Vodka   Blue Curacao

Maraschino Cherry   Lemon Juice

**푸른 석호란 뜻의 여름 바다 이미지의 칵테일이다.**

화려한 과일 장식으로 눈과 입이 즐거워 따뜻한 여름에 어울린다.

─────────────────── 만드는 방법 ───────────────────

= 셰이크 Shake

1 ─ 셰이커와 소서 글라스에 얼음을 넣어 잔을 차갑게 한다.

2 ─ 셰이커에 보드카 30ml, 블루 큐라소 20ml, 레몬주스 20ml를 넣고 셰이킹한다.

3 ─ 글라스의 얼음은 빼고, 셰이커의 얼음은 셰이커 뚜껑에 있는 스트레이너로 거른 후
　　 소서 글라스에 따른다.

4 ─ 오렌지 슬라이스, 마라스키노 체리로 장식한다.

소서 글라스 5oz

─────────────────── TIP ───────────────────

롱 드링크 스타일로 마시기도 하며 탄산수를 첨가하면 된다.

- -

석호란 바닷물이 섞여 들어간 호수이다.

셰이커　　　지거

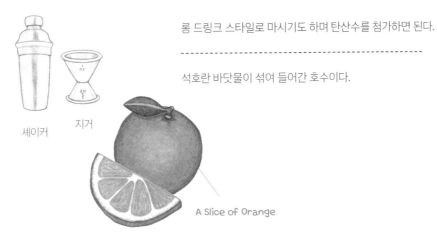

A Slice of Orange

─────────────────── 그려보기 ───────────────────

전체적인 스케치 라인을 잡아주고 밑칠을 시작한다. 흰색으로 다듬고 명암을 더 넣는다.

럼 베이스

BACARDI

바카디

◇◇◇◇◇◇◇◇

바카디 럼 화이트 52.5ml, 라임주스 22.5ml, 그레나딘 시럽 1tsp

30% ale./vol.

Bacardi Rum White · Lime Juice

Grenadine Syrup

1933년 바카디 회사가 발표한 칵테일이다. 뉴욕의 어느 손님이 바텐더에게 바카디 칵테일을 주문했는데 다른 회사의 럼을 사용했다는 이유로 고소를 했고, 결국 바카디 칵테일은 바카디 럼만으로 만들어야 한다는 판결이 내려진 것으로 유명해졌다.

───── 만드는 방법 ─────

= 셰이크 Shake

1 — 셰이커와 칵테일 글라스에 얼음을 넣어 잔을 차갑게 한다.

2 — 셰이커에 바카디 럼 화이트 52.5ml, 라임주스 22.5ml, 그레나딘 시럽 1tsp을 넣고 셰이킹한다.

3 — 글라스의 얼음은 빼고, 셰이커의 얼음은 셰이커 뚜껑에 있는 스트레이너로 거른 후 칵테일 글라스에 따른다.

칵테일 글라스 5oz

───── TIP ─────

셰이커   지거

바카디 럼의 박쥐 마크는 양조장에 살고 있던 박쥐를 활용하여 만든 것이라고 한다.

쿠바에서 박쥐는 건강, 가족의 화합, 부의 상징 등 좋은 의미를 지니고있다.

1890   1931   1959   2010   2013

───── 그려보기 ─────

밑색으로 노란색과 붉은색을 진하게 색칠한다. 흰색으로 다듬고 붉은색으로 그러데이션을 표현한다. 어두운 부분을 더 묘사한다.

CUBA LIBRE

쿠바 리브레

◇◇◇◇◇◇◇◇

라이트 럼 45ml, 라임주스 15ml, 콜라, 웨지 라임

14% ale./vol.

Light Rum   Lime Juice   A Wedge of Lime   Coke

\# 1902년 스페인의 식민지였던 쿠바는 독립을 위하여 "Viva Cuba Libre"(자유 쿠바 만세)라는 구호를 사용했다. 이후 전쟁의 승리를 축하하며 쿠바의 럼과 미국의 콜라를 혼합하여 건배를 한 것에서 유래된 이름이다.

―――――― 만드는 방법 ――――――

하이볼 글라스 8oz

= 빌드 Build

1 ― 얼음이 담긴 하이볼 글라스를 준비한다.

2 ― 라이트 럼 45ml, 라임주스15ml를 넣고 콜라를 8부까지 채운다.

3 ― 바 스푼으로 가볍게 저어주고 웨지 라임으로 장식한다.

―――――― TIP ――――――

웨지 라임(A Wedge of Lime): 라임을 6등분 또는 8등분으로 썬 것이다.

바 스푼

지거

―――――― 그려보기 ――――――

얼음의 형태를 잡으며 스케치 라인을 잡아준다. 어두운 면의 밑색을 먼저 칠한다. 밝은 면의 밑색을 채우고 흰색으로 다듬는다.

＊ 탄산 표현은 스케치를 할 때 미리 잡아줘야 하지만 후반에 디지털로 작업할 수도 있다.

PINA COLADA

피냐 콜라다

◇◇◇◇◇◇◇◇

라이트 럼 37.5ml (5/4oz), 피냐 콜라다 믹스 60ml, 파인애플주스 60ml,

웨지 파인애플, 마라스키노 체리, 크러시드 아이스

Crushed Ice

10% ale./vol.

A Wedge of Pineapple

Light Rum   Pina Colada Mix

Maraschino Cherry

Pineapple Juice

\# 피냐 콜라다는 스페인어로 파인애플이 무성한 언덕이란 의미이다. 코코넛 향이 진하고 단맛이 나는 대표적인 트로피컬 칵테일이다.

만드는 방법

≡ 블렌딩 Blending

1 ㅡ 크러시드 아이스, 라이트 럼 37.5ml, 피냐 콜라다 믹스 60ml, 파인애플주스 60ml를 블렌더에 넣고 10초 정도 갈아준 후 글라스에 따라준다.

2 ㅡ 칵테일 픽으로 마라스키노 체리를 꽂은 웨지 파인애플을 가장자리에 꽂아준다.

* 블렌더로 갈아야 하기 때문에 얼음은 크기가 작은 크러시드 아이스를 사용한다.

* 피나 콜라다 믹스가 없을 경우: 파인애플 400g, 설탕 4Tsp, 파인애플주스 100ml, 코코넛 밀크 150ml를 블렌더로 갈아준다.

허리케인 글라스
14oz

TIP

지거

블렌더

칵테일 픽

크러시드 아이스(Crushed Ice): 3~4cm 정도의 얼음을 더 잘게 부순 것으로, 줄렙, 블렌딩 등에 사용한다.

베이스를 럼 대신 보드카로 바꾸면 치치가 된다.

그려보기

전체적인 스케치 라인을 잡아주고 밑칠은 연하게 색칠한다. 흰색으로 다듬는다.

* 얼음의 명암이 너무 복잡하고 어두워지지 않게 주의한다.

2

럼
베이스

B L U E   H A W A I I A N

블루 하와이안

◇◇◇◇◇◇◇◇

라이트 럼 30ml, 블루 큐라소 30ml, 말리부 럼 30ml, 파인애플주스 75ml, 웨지 파인애플,

마라스키노 체리, 크러시드 아이스

Crushed Ice

17% ale./vol.

A Wedge of Pineapple

Light Rum   Blue Curacao

Maraschino Cherry

Pineapple Juice   Malibu Rum

\# 블루 하와이안은 1957년 하와이 힐튼 호텔 바텐더가 만든 트로피컬 칵테일이다. 사계절이 여름인 하와이 섬의 아름다운 모습을 연상시키는 푸른색이 특징이다.

만드는 방법

블렌딩 Blending

1 — 크러시드 아이스, 라이트 럼 30ml, 블루 큐라소 30ml, 말리부 럼 30ml, 파인애플주스 75ml를 블렌더에 넣고 10초 정도 갈아준 후 글라스에 따라준다.

2 — 칵테일 픽으로 마라스키노 체리를 꽂은 웨지 파인애플을 가장자리에 꽂아준다.

허리케인 글라스
14oz

TIP

블렌더

지거

칵테일 픽

블렌더를 사용한 프로즌 스타일이 아닌 셰이커를 사용할 수도 있다.

말리부 럼 대신에 레몬주스를 넣으면 블루 하와이가 된다.

준비: 라이트 럼 30ml, 블루 큐라소 15ml, 레몬주스 30ml, 파인애플주스 30ml

그려보기

전체적인 스케치 라인을 잡아주고 밑칠을 시작한다. 흰색으로 다듬고 명암을 더 넣는다.

DAIQUIRI
다이키리

◇◇◇◇◇◇◇◇

라이트 럼 52.5ml, 라임주스 22.5ml, 설탕 1tsp,
라임 슬라이스

28% ale./vol.

Sugar

Light Rum   Lime Juice

A Slice of Lime

다이키리는 쿠바의 광산 이름으로 광산에서 일하던 제닝스 콕스에 의해 만들어진 칵테일이다.

───────── 만드는 방법 ─────────

＝ 셰이크 Shake

1 ― 셰이커와 칵테일 글라스에 얼음을 넣어 잔을 차갑게 한다.

2 ― 셰이커에 설탕 1tsp, 라이트 럼 52.5ml, 라임주스 22.5ml를 넣고 셰이킹한다.

3 ― 글라스의 얼음은 빼고, 셰이커의 얼음은 셰이커 뚜껑에 있는 스트레이너로 거른 후 칵테일 글라스에 따른다.

4 ― 라임 슬라이스로 장식한다.

칵테일 글라스 5㎝

───────── TIP ─────────

셰이커　지거

설탕 대신에 딸기나 그레나딘 시럽을 넣은 붉은색 다이키리도 있으며, 크러시드 아이스와 블렌딩한 프로즌 다이키리도 있다.

───────── 그려보기 ─────────

밑색으로 진한 아이보리색과 연한 연두색을 색칠한다. 아이보리색으로 다듬은 후 글라스의 외곽을 마무리한다.

＊ 밝은 색일수록 연하게 밑칠을 한다.

MOJITO
모히토

◇◇◇◇◇◇◇◇

라이트 럼 40ml, 웨지 라임, 설탕 1tsp,

민트 잎 7~8장, 탄산수

23% ale./vol.

Sugar

Mint Leaves

Light Rum   Soda Water

A Wedge of Lime

\# 16세기 카리브해의 뱃사람들이 주로 마셨다는 칵테일이다. 당시에는 설탕을 정제하고 남은 당밀로 만들어서 가장 값싸고 서민적인 술이었다고 한다.

만드는 방법

= 빌드 Build

1 ― 하이볼 글라스에 민트 잎, 웨지 라임, 설탕 1tsp을 넣고 머들러로 가볍게 으깬다.

2 ― 라이트 럼 40ml를 넣고 8부까지 얼음을 채운다.

3 ― 탄산수를 가득 채우고 바 스푼으로 민트 잎이 올라오도록 저어준다.

하이볼 글라스 8oz

TIP

지거

바스푼

머들러

머들러가 없으면 작은 절구로 대신 사용하여도 좋다.

라임이 없으면 라임주스 10ml를 넣기도 한다.

그려보기

글라스의 라인과 녹색 부분을 먼저 색칠한다. 밝은 회색과 흰색으로 다듬는다. 아이보리색을 추가하여 다듬는다.

2

럼
베이스

HOT BUTTERED RUM

핫 버터드 럼

◇◇◇◇◇◇◇◇

다크 럼 45ml, 흑설탕 1tsp, 따뜻한 물 3/4cup, 버터, 시나몬 스틱 1개,
넛맥 가루 1/2tsp

14% ale./vol.

Hot Water

Cinnamon Stick

Dark Rum   Nutmeg Powder   Butter   Black Sugar

\# 이탈리아에서 오래전부터 즐겨 마셔온 따뜻한 칵테일로 은은히 퍼지는 럼과 버터의 향이 풍부하다.
핫 토디와 마찬가지로 추운 겨울날이나 감기 기운이 있을 때 어울리는 칵테일이다.

만드는 방법

= 빌드 Build

1 — 내열성이 있는 핫 글라스를 준비한다.

2 — 다크 럼 45ml, 흑설탕 1tsp, 따뜻한 물 3/4cup을 넣는다.

3 — 바 스푼으로 가볍게 저어주고 버터 한 조각을 띄운다.

4 — 시나몬 스틱과 넛맥 가루로 장식한다.

핫 글라스 9oz

TIP

핫 글라스 대신 아이리시 커피 글라스를 사용하여도 무방하다.

1cup은 대략 236ml이므로 3/4cup은 177ml정도 된다.

깔끔한 색을 낼 때는 화이트 럼, 라이트 럼을 쓰기
도 한다.

따뜻한 물 대신에 따뜻한 우유를 사용하면 핫
버터드 럼 카우(Hot Buttered Rum Cow)가 된다.

지거

바 스푼

그려보기

전체적인 스케치 라인을 잡아주고 밑색은 노란색과 갈색 투톤으로 채운다. 흰색으로 다듬고 그러데이션을 표현한다.

* 위스키: 대부분의 위스키 칵테일에서는 아메리칸 위스키를 많이 사용한다.

스카치 위스키, 아메리칸 위스키, 아이리시 위스키 등 위스키의 종류를 분류해서 사용하는 것이 좋다.
아일랜드와 미국에서는 Whiskey라고 쓰고 스코틀랜드는 Whisky라고 표기한다.

WHISKY BASE

위스키 베이스

ON THE ROCK

온 더 락

◇◇◇◇◇◇◇

위스키 45ml, 럼프 오브 아이스

40% ale./vol.

Whisky

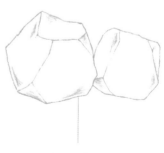

Lump of Ice

온 더 락은 잔에 들어있는 얼음을 바위에 비유해서 붙여진 이름이다.

만드는 방법

빌드 Build

1 ― 올드 패션드 글라스에 럼프 오브 아이스를 넣는다.

  ＊ 잔이 깨지지 않도록 기울여서 얼음을 넣는다.

2 ― 위스키 45ml를 잔에 넣는다.

올드 패션드 글라스
9oz

TIP

지거

둥글게 깎은 럼프 오브 아이스를 사용하면 온 더 볼(On the Ball)이라고 하고, 크러시드 아이스를 사용하면 위스키 미스트(Whisky Mist)라고 한다.

- -

위스키를 마시는 일반적인 방법으로는 스트레이트, 온 더 락, 하이볼이 있다.

- -

카빙(Carving): 얼음을 깎아내는 것으로 칼이나 아이스픽(송곳)으로 만든다.

그려보기

전체적인 스케치 라인을 잡아주고 어두운 면의 밑색을 먼저 칠한다. 밝은 면 밑색을 채우고 흰 색으로 다듬는다. 그러데이션과 명암을 더 묘사한다.

3

위스키
베이스

하이볼

◇◇◇◇◇◇◇

위스키 45ml, 레몬 슬라이스, 탄산수

14% ale./vol.

Whisky   Soda Water

A Slice of Lemon

\# 하이볼은 탄산수만이 아니라 술에 다른 음료를 희석한 것을 모두 가리키는 말이다. 탄산수를 섞은 것은 **위스키 소다**(Whisky Soda)**라 하기도 한다.**

만드는 방법

= 빌드 Build

1 ― 얼음이 담긴 하이볼 글라스를 준비한다.

2 ― 위스키 45ml를 넣고 탄산수를 8부까지 채운다.

3 ― 바 스푼으로 가볍게 저어주고 레몬 슬라이스로 장식을 한다.

하이볼 글라스 8oz

TIP

바 스푼

지거

탄산수 대신에 진저에일, 토닉워터를 사용하기도 한다.

그려보기

얼음의 형태를 잡으며 전체적인 스케치 라인을 잡아준다. 흰색으로 다듬고 그러데이션을 표현한다.

OLD FASHIONED

올드 패션드

◇◇◇◇◇◇◇◇

아메리칸 위스키 45㎖, 각설탕, 앙고스투라 비터스 1dash, 오렌지 슬라이스,

레몬 슬라이스, 마라스키노 체리, 탄산수 15㎖

40% ale./vol.

Cube Sugar

American
Whiskey

Soda Water

Angostura
Bitters

Maraschino Cherry

\# 위스키 베이스인 칵테일로 남성적 이미지가 강한 칵테일이다.

1881년 켄터키 주 펜데니스 클럽 바텐더가 단골손님을 위해 만든 칵테일이라고 한다.

───────── 만드는 방법 ─────────

= 빌드 Build

1 — 올드 패션드 글라스에 각설탕을 놓고 앙고스투라 비터스 1dash를 뿌린다.

2 — 머들러로 설탕에 앙고스투라 비터스가 잘 스며들도록 으깬다.

3 — 탄산수 15ml, 위스키 45ml와 얼음을 넣는다.

4 — 바 스푼으로 가볍게 저어주고 오렌지 슬라이스, 레몬 슬라이스, 마라스키노 체리로 장식한다.

올드 패션드 글라스
9oz

───────── TIP ─────────

지거

바스푼

머들러

1dash: 병에 담긴 내용물이 가득할 경우 한 번 툭 쳤을 때 나오는 양.

앙고스투라 비터스(Angostura Bitters): 알콜도수 44.7도의 쓴맛이 나는 약초 리큐어이다.

각설탕 대신 흑설탕 1tsp을 사용하여도 좋다.

A Slice of Orange & Lemon

───────── 그려보기 ─────────

전체적인 스케치 라인을 잡아주고 어두운 면의 밑색을 먼저 칠한다. 밝은 면 밑색을 채우고 흰색으로 다듬는다. 그러데이션과 명암을 더 묘사한다.

M A N H A T T A N

맨해튼

◇◇◇◇◇◇◇◇

아메리칸 위스키 45ml 스위트 베르무트 22.5ml(3/4oz),

앙고스투라 비터스 1dash, 마라스키노 체리

32% ale./vol.

American
Whiskey

Angostura
Bitters

Maraschino Cherry

Sweet Vermouth

19세기 중반부터 사랑받은 '칵테일의 여왕'. 미국 19대 대통령 선거 때 윈스턴 처칠의 어머니가 내놓은 칵테일로 유명하다. 아메리칸 위스키를 기본으로 한다.

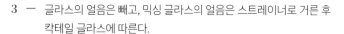

───────────── 만드는 방법 ─────────────

= 스터 Stir

1 — 칵테일 글라스와 믹싱 글라스에 얼음을 넣는다.
   * 믹싱 글라스가 없다면 비슷한 크기의 큼직한 글라스를 사용하면 된다.

2 — 믹싱 글라스에 아메리칸 위스키 45ml, 스위트 베르무트 22.5ml, 앙고스투라 비터스 1dash를 넣고 바 스푼으로 가볍게 저어준다.
   * 위스키와 스위트 베르무트의 비율은 2:1이다.

3 — 글라스의 얼음은 빼고, 믹싱 글라스의 얼음은 스트레이너로 거른 후 칵테일 글라스에 따른다.

4 — 마라스키노 체리를 칵테일 픽에 꽂아 장식한다.

칵테일 글라스 5oz

───────────── TIP ─────────────

믹싱 글라스   지거   스트레이너   바 스푼   칵테일 픽

바 스푼을 저을 땐 얼음은 덜 녹고 깨지지 않도록, 그리고 음료는 차가워지도록 조심스럽게 젓는다.

───────────── 그려보기 ─────────────

어두운 면의 밑색을 먼저 칠한다. 밝은 면의 밑색을 채우고 흰색으로 다듬는다. 그러데이션과 명암을 더 묘사한다.

3

위스키
베이스

M I N T   J U L E P

민트 줄렙

◇◇◇◇◇◇◇◇

버번 위스키 45ml, 설탕 1tsp, 민트 잎 4~6장,

크러시드 아이스, 물

25% ale./vol.

Sugar

Bourbon Whiskey   Water   Crushed Ice   Mint Leaves

\# 민트 줄렙은 위스키 베이스에 민트가 첨가된 상쾌한 맛이 나는 칵테일이다. 1938년 미국의 경마 레이스 켄터키 더비의 공식 음료였으며 여름에 마시기 좋다.

만드는 방법

= 빌드 Build

1 — 올드 패션드 글라스에 설탕 1tsp, 설탕이 녹을 정도의 소량의 물, 민트 잎 4~6장을 넣고 머들러로 가볍게 으깬다.

2 — 버번 위스키 45ml, 크러시드 아이스를 넣고 바 스푼으로 가볍게 저어준다.

3 — 민트 잎으로 장식한다.

올드 패션드 글라스
9oz

TIP

지거
바 스푼
머들러

줄렙은 설탕물이란 뜻이며, 미국에서 만들어진 버번 위스키에 크러시드 아이스와 설탕을 넣어 만든 음료이다.

그려보기

① ② ③ ④

전체적인 스케치 라인과 얼음의 명암을 잡아준다. 노란색과 베이지색의 투톤으로 밑칠을 한다. 녹색의 민트 잎을 색칠한다. 흰색으로 다듬고 명암을 더 표현한다.

WHISKY SOUR

위스키 사워

◇◇◇◇◇◇◇

버번 위스키 45ml, 레몬주스 15ml, 설탕 1tsp, 탄산수,
레몬 슬라이스, 마라스키노 체리

24% ale./vol.

A Slice of Lemon

Bourbon Whiskey

Lemon Juice

Sugar

Maraschino Cherry

Soda Water

사워는 신맛이 나는 칵테일로 프랑스에서 브랜디에 레몬주스와 설탕을 섞어 마신 것이 시초이다.
1891년 미국에서 버번 위스키를 베이스로 하며 알려지기 시작했다.

────────────────────── 만드는 방법 ──────────────────────

≡ 셰이크 Shake, **빌드** Build

1 ─ 셰이커와 사워 글라스에 얼음을 넣어 잔을 차갑게 한다.

2 ─ 버번 위스키 45㎖, 레몬주스 15㎖, 설탕 1tsp을 셰이커에 넣고 셰이킹한다.
　　　✴ 레몬주스 대신 레몬즙을 짜서 사용해도 된다.

3 ─ 글라스의 얼음은 빼고, 셰이커의 얼음은 셰이커 뚜껑에 있는 스트레이너로 거른 후
　　　글라스에 따른다.

4 ─ 탄산수를 가득 채우고 바 스푼으로 가볍게 저어준다.

5 ─ 칵테일 픽으로 마라스키노 체리를 꽂은 레몬 슬라이스로 장식한다.

사워 글라스 5oz

────────────────────── TIP ──────────────────────

바 스푼

칵테일 픽

지거

셰이커

버번 위스키 대신에 브랜디를 베이스로 하면 브랜디 사워가
된다.

────────────────────── 그려보기 ──────────────────────

전체적인 스케치 라인을 잡아준다. 밑색을 채우고 명암을 더 넣는다.

HOT TODDY

핫 토디

◇◇◇◇◇◇◇◇

버번 위스키 45ml, 레몬주스 15ml, 꿀 1tsp, 따뜻한 물 3/4cup,

레몬 슬라이스, 시나몬 스틱 1개

7% ale./vol.

Hot Water

Cinnamon Stick

Bourbon Whiskey   Lemon Juice   Honey   A Slice of Lemon

스코틀랜드에서 추위로부터 몸을 풀어주거나 감기 예방을 위해 즐겨 마시던 따뜻한 칵테일이다.

────────────────────── 만드는 방법 ──────────────────────

빌드 Build

1 ─ 내열성이 있는 핫 글라스를 준비한다.

2 ─ 버번 위스키 45ml, 레몬주스 15ml, 꿀 1tsp, 따뜻한 물 3/4cup을 넣는다.

3 ─ 바 스푼으로 가볍게 저어주고 레몬 슬라이스, 시나몬 스틱으로 장식한다.

핫 글라스 9oz

──────────────────────── TIP ────────────────────────

지거

바스푼

취향에 따라 정향(Clove)과 팔각(Star Anise)을 넣어도 좋다.

──────────────────────── 그려보기 ────────────────────────

전체적인 스케치 라인을 잡아주고 베이지색으로 연하게 밑색을 채운다. 노란색으로 한 번 더 밑색을 채운다. 흰색으로 다듬고 명암을 더 넣는다.

진 베이스

MARTINI

마티니

◇◇◇◇◇◇◇◇

드라이 진 60㎖, 드라이 베르무트 10㎖, 그린 올리브

34% ale./vol.

Dry Gin   Dry Vermouth   Green Olive

진과 베르무트를 섞은 후 올리브로 장식하는 쓴맛의 칵테일이다.
마티니라는 이름은 이탈리아의 베르무트를 제조하는 회사 이름인 마티니에서 유래되었다.

만드는 방법

≡ 스터 Stir

1 — 칵테일 글라스와 믹싱 글라스에 얼음을 넣는다.

2 — 믹싱 글라스에 드라이 진 60ml, 드라이 베르무트 10ml를 넣고 바 스푼으로 젓는다.

3 — 글라스의 얼음은 빼고, 믹싱 글라스의 얼음은 스트레이너로 거른 후
칵테일 글라스에 따른다.

4 — 그린 올리브를 칵테일 픽에 꽂아 장식한다.

칵테일 글라스 5oz

TIP

믹싱 글라스   지거   스트레이너   바 스푼   칵테일 픽

진과 보드카는 차갑게 보관하는 것이 좋다.

베르무트(Vermouth)는 포도주에 브랜디와 여러가지 약재를 넣어 만드는 리큐어이다. 드라이 베르무트는 백포도주, 스위트 베르무트는 적포도주로 만든다.

그려보기

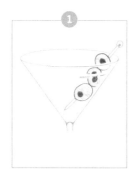  

전체적인 글라스의 라인을 잡아준다. 밝은 회색과 흰색을 반복해서 색칠한다. 올리브도 같은 방법으로 채색한다.

GIN & TONIC

진토닉

◇◇◇◇◇◇◇◇

드라이 진 45ml, 토닉워터, 레몬 슬라이스

14% ale./vol.

Dry Gin   Tonic Water

A Slice of Lemon

**진을 베이스로 하여 토닉워터를 첨가하여 만든 칵테일.**

만드는 방법

= 빌드 Build

1 ― 얼음이 담긴 하이볼 글라스를 준비한다.

2 ― 드라이 진 45㎖를 넣고 토닉워터를 8부까지 채운다.

3 ― 바 스푼으로 가볍게 저어주고 레몬 슬라이스로 장식을 한다.

하이볼 글라스 8㎝

TIP

지거   바 스푼

베이스를 보드카로 바꾸면 보드카 토닉, 위스키로 바꾸면
위스키 토닉이 된다.

그려보기

전체적인 글라스의 라인을 잡아준다. 밝은 회색과 흰색을 반복해서 색칠한다.

SINGAPORE SLING

싱가포르 슬링

드라이 진 45ml, 레몬주스 15ml, 설탕 1tsp, 탄산수, 체리 브랜디 15ml, 오렌지 슬라이스, 마라스키노 체리

17% ale./vol.

A Slice of Orange

Sugar

1tsp. 5mL

Dry Gin

Lemon Juice

Soda Water

Maraschino Cherry

Cherry Brandy

싱가포르 래플스(Raffles) 호텔 바에서 어느 바텐더가 아름다운 석양을 바라보며 만들었다는 칵테일.

만드는 방법

셰이크 Shake, 빌드 Build

1 — 셰이커와 필스너 글라스에 얼음을 넣어 잔을 차갑게 한다.

2 — 드라이 진 45ml, 레몬주스 15ml, 설탕 1tsp를 셰이커에 넣고 셰이킹한다.
   * 그레나딘 시럽 1tsp을 넣기도 한다.

3 — 셰이커의 얼음은 셰이커 뚜껑에 있는 스트레이너로 거른 후 칵테일 글라스에 따른다.

4 — 탄산수를 8부까지 채우고 바 스푼으로 가볍게 저어준다.

5 — 체리 브랜디 15ml를 넣고 칵테일 픽으로 마라스키노 체리를 꽂은 오렌지 슬라이스를 가장자리에 꽂아준다.

필스너 글라스 11oz

TIP

셰이커

지거

칵테일 픽

영국의 작가 서머셋 모옴은 싱가포르 슬링을 두고 '동양의 신비'라고 극찬했다.

- -

체리 브랜디는 증류주에 체리를 담가서 만든 것으로, 붉은색을 띠며 단맛이 난다.

그려보기

얼음의 형태를 잡으며 스케치 라인을 잡아준다. 밑색을 채우고 흰색으로 다듬는다.

진
베이스

LONG ISLAND ICED TEA

롱 아일랜드 아이스 티

◇◇◇◇◇◇◇◇

드라이 진 15ml, 보드카 15ml, 라이트 럼 15ml, 테킬라 15ml, 쿠앵트로 또는 트리플 섹 15ml, 스위트 앤 사워 믹스 45ml,
콜라, 웨지 레몬

Cointreau or Triple Sec

35% ale./vol.

Dry Gin   Light Rum   Vodka

Sweet & Sour Mix   Coke   Tequila

**다섯 가지 강도 높은 술이 들어간 '칵테일의 폭탄주'.**
홍차를 사용하지 않고 홍차의 맛과 색을 내는 칵테일이다.

만드는 방법

＝ **빌드** Build

1 ― 콜린스 글라스에 얼음과 드라이 진 15㎖, 보드카 15㎖, 라이트 럼 15㎖,
테킬라 15㎖, 쿠앵트로 또는 트리플 섹 15㎖, 스위트 앤 사워 믹스 45㎖를 넣는다.

2 ― 남은 잔의 8부까지 콜라로 채우고 바 스푼으로 가볍게 저어준다.

3 ― 웨지 레몬을 가장자리에 꽂아준다.

콜린스 글라스 12oz

TIP

바 스푼

지거

스위트 앤 사워 믹스(Sweet & Sour Mix)는 가루를 물에 풀어 사용하거나 음료
로 사용하는데, 번거롭거나 구하기 어렵다면 레몬 음료로
대체할 수도 있다.

그려보기

어두운 면의 밑색을 먼저 칠한다. 밝은 면의 밑색을 채우고 흰색으로 다듬는다. 얼음의 그러데이션과 명암을 더 묘사한다.

진
베이스

TOM COLLINS
톰 콜린스

◇◇◇◇◇◇◇

드라이 진 60ml, 레몬주스 20ml, 설탕 2tsp, 탄산수, 레몬 슬라이스, 마라스키노 체리

Sugar

12% ale./vol.

Dry Gin

Lemon Juice

Soda Water

Maraschino Cherry

A Slice of Lemon

\# 19세기에 만든 칵테일로 처음에는 만든 이의 이름인 존 콜린스라고 불렸지만 베이스가 영국산 올드 톰 진으로 바뀌면서 지금의 이름으로 변경되었다. 이후 드라이 진을 일반적으로 사용하게 되었다.

만드는 방법

= 셰이크 Shake, 빌드 Build

1 — 셰이커와 콜린스 글라스에 얼음을 넣어 잔을 차갑게 한다.

2 — 드라이 진 60ml, 레몬주스 20ml, 설탕 2tsp을 셰이커에 넣고 셰이킹한다.

3 — 셰이커의 얼음은 셰이커 뚜껑에 있는 스트레이너로 거른 후 글라스에 따른다.

4 — 탄산수를 가득 채우고 바 스푼으로 가볍게 저어준다.

5 — 칵테일 픽으로 마라스키노 체리를 꽂은 레몬 슬라이스로 장식한다.

콜린스 글라스 12oz

TIP

바스푼

칵테일 픽

지거

셰이커

존 콜린스는 베이스를 위스키로 바꾼 것이다.

그려보기

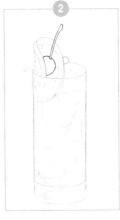

전체적인 글라스의 라인을 잡아준다. 밝은 회색과 흰색을 반복해서 색칠한다.

NEGRONI
네그로니

◇◇◇◇◇◇◇◇

드라이 진 22.5ml, 스위트 베르무트 22.5ml, 캄파리 22.5ml, 레몬필

21% ale./vol.

Dry Gin   Sweet Vermouth   Lemon peel   Campari

**이탈리아 카미로 네그로니 백작이 즐겨 마셨다는 칵테일.**
캄파리의 쌉쌀한 맛 덕분에 식전주로 애용되고 있다.

만드는 방법

≡ 빌드 Build

1 ─ 얼음이 넣어진 올드 패션드 글라스에 드라이 진 22.5㎖, 스위트 베르무트 22.5㎖,
　　　 캄파리 22.5㎖를 넣는다.

2 ─ 바 스푼으로 가볍게 저어주고 레몬필로 장식한다.

올드 패션드 글라스
9oz

TIP

피렌체에 있는 카소니 레스토랑의 바텐더가 1962년 백작의 허락을 받고
'네그로니'라는 이름으로 발표했다.

지거

필러(감자칼)

셰이커

그려보기

어두운 면의 밑색을 먼저 칠한다. 밝은 면의 밑색을 채우고 흰색으로 다듬는다. 얼음의 그러데이션과 명암을 더 묘사한다.

PINK LADY
핑크 레이디

◇◇◇◇◇◇◇◇

드라이 진 45ml, 레몬주스 15ml, 그레나딘 시럽 1tsp, 달걀 흰자 1개,

넛맥 가루, 마라스키노 체리

24% ale./vol.

Egg White

Dry Gin　　Lemon Juice　Nutmeg Powder

Maraschino Cherry　Grenadine Syrup

**핑크 레이디는 1912년 런던의 연극 <핑크 레이디>의 마지막 공연을 기념하는 파티에서**
주연 여배우에게 바쳐진 칵테일이다.

── 만드는 방법 ──

≡ 셰이크 Shake

1 ─ 셰이커와 소서 글라스에 얼음을 넣어 잔을 차갑게 한다.

2 ─ 셰이커에 달걀 흰자 1개, 드라이 진 45ml, 레몬주스 15ml, 그레나딘 시럽 1tsp을 넣고
강하게 셰이킹한다.

소서 글라스 5oz

3 ─ 글라스의 얼음은 빼고, 셰이커의 얼음은 셰이커 뚜껑에 있는 스트레이너로 거른 후
강하게 셰이킹한다.

+ 달걀 흰자를 넣어 강하게 셰이킹을 해야 하므로 더블 스트레이너(작은 거름망)으로 걸러주면 좋다.

4 ─ 넛맥 가루를 살짝 뿌려주고 칵테일 픽으로 마라스키노 체리를 꽂아 장식한다.

+ 넛맥(육두구): 넛맥 나무 열매의 씨앗을 말린 것.

── TIP ──

칵테일 픽

셰이커
지거
더블 스트레이너

핑크 레이디의 레시피에서 드라이 진의 양을 줄이고 그레나
딘 시럽 대신에 블루 큐라소를 넉넉히 넣으면 블루 레이디가
된다.

준비: 블루 큐라소 40ml, 드라이 진 20ml, 레몬주스 20ml,
달걀 흰자 1개.

── 그려보기 ──

전체적인 스케치 라인을 잡아주고 밑칠을 시작한다. 글라스의 측면은 더 밝게 표현되므로 살짝 연하게 칠한다.
흰색으로 다듬고 명암을 더 넣는다.

WINE BASE
와인 베이스

MIMOSA

미모사

◇◇◇◇◇◇◇◇

오렌지주스 1/2part, 샴페인 1/2part, 오렌지 슬라이스

8% ale./vol.

Orange Juice　　Champagne

A Slice of Orange

\# 프랑스에서 옛날부터 상류사회에서 즐겼던 칵테일로, 색채가 미모사 꽃과 비슷해서 미모사라고 불리었다.

─── 만드는 방법 ───

빌드 Build

1 — 플루트 글라스에 미리 얼음을 넣어 잔을 차갑게 한다.

2 — 글라스의 얼음은 빼고, 차가운 오렌지주스 1/2part와 차가운 샴페인 1/2part를 글라스에 넣는다.

3 — 바 스푼으로 가볍게 저어준 후 오렌지 슬라이스를 가장자리에 꽂아준다.

플루트 글라스 6oz

─── TIP ───

바 스푼

오렌지주스 45ml, 샴페인 90ml, 그랑 마니에르 1tsp으로 제조하기도 한다.

어울리는 안주 하몽

─── 그려보기 ───

노란색 면적을 진하게 색칠하고 글라스의 스케치 라인을 잡아준다. 글라스를 다듬고 명암을 더 넣는다.

와인
베이스

SANGRIA
상그리아

◇◇◇◇◇◇◇◇

레드 와인 1병, 오렌지주스 120ml, 탄산수, 오렌지 1개,
사과 1개, 레몬 1개, 설탕 2tsp

5% ale./vol.

Sugar

Red Wine   Orange Juice   Soda Water

Apple, Orange, Lemon

\# 스페인과 포르투갈의 전통 음료로 스페인어의 'sangre(피)'라는 단어에서 유래된 와인 베이스의 붉은색 펀치 스타일 음료. 스페인 상그리아는 레드 와인을 사용하지만, 포르투갈에서는 화이트 와인이나 스파클링 와인을 사용하기도 한다. 스페인에서는 관광객용 음료로 인식되어있다.

--------------- 만드는 방법 ---------------

= 빌드 Build

1 — 과일 껍질은 베이킹 소다로 문질러 깨끗이 씻고 원하는 모양으로 썰어둔다.
  * 웨지나 슬라이스로 칵테일에 들어가는 모든 과일은 베이킹 소다로 씻는다.

2 — 오렌지, 레몬, 사과, 설탕 2tsp, 레드 와인 1병, 오렌지주스 120ml를 피쳐 물병에 넣고 바 스푼으로 가볍게 저어준다.

3 — 뚜껑을 닫은 후 냉장고에 넣고 하루 정도 숙성시킨다.

4 — 얼음이 담긴 와인 글라스에 과일과 상그리아를 반 정도 넣고 탄산수를 8부까지 채운다.

플루트 글라스 6oz

--------------- TIP ---------------

지거

피쳐 물병   베이킹 소다   바 스푼

취향에 따라 딸기, 수박 등을 사용하기도 하며, 브랜디, 쿠엥 트로, 트리플 섹을 첨가하기도 한다

지나치게 오래 재워놓으면 쓴맛이 나므로 3일 이내에는 다 마시는 것을 추천한다.

와인 대신에 포도 주스를 넣으면 논 알코올로 마실 수 있다.

--------------- 그려보기 ---------------

노란색 면적을 진하게 색칠하고 글라스의 스케치 라인을 잡아준다. 글라스를 다듬고 명암을 더 넣는다.

KIR ROYAL
키르 로열

◇◇◇◇◇◇◇◇

삼페인 4/5part, 크레임 드 카시스 1/5part, 라즈베리

14% ale./vol.

Champagne   Creme De Cassis

Raspberry

키르 로열은 프랑스 부르고뉴 지방 디종시의 캐농 패릭스 키르가 제작한 '키르'를 변형한 칵테일이다.

만드는 방법

빌드 Build

1 — 플루트 글라스에 미리 얼음을 넣어 잔을 차갑게 한다.

2 — 글라스의 얼음은 빼고, 샴페인 4/5part와 크레임 드 카시스 1/5part를 글라스에 넣는다.
혹은 샴페인과 크레임 드 카시스의 비율을 9:1로 넣어도 된다.

  * 샴페인이 없으면 스파클링 와인을 사용하여도 된다.

3 — 바 스푼으로 가볍게 저어주고 라즈베리로 장식한다.

플루트 글라스 6oz

TIP

지거   바 스푼

카시스는 베리의 한 종류로 크레임 드 카시스를 많이 넣으면 너무 달아
질 수 있다.

샴페인 대신에 화이트 와인을 넣으면 키르 칵테일이 된다.

그려보기

전체적인 스케치 라인을 잡아준다. 밑색으로 노란색과 붉은색을 연하게 색칠한다.
흰색으로 다듬고 그러데이션과 명암을 더 묘사한다.

VIN CHAUD

뱅쇼

◇◇◇◇◇◇◇

레드 와인 1병, 오렌지 2개, 사과 1개, 레몬 1개, 설탕 2Tsp, 시나몬 스틱 1개,
팔각 1개, 정향 2개 또는 통후추 3개

Sugar

non alcohol

Red Wine

Cinnamon Stick, Star Anise, Clove or Peppercorn

Apple, Orange, Lemon

\# 뱅쇼는 날씨가 추워지거나 감기가 올 때 와인과 함께 과일과 향신료를 첨가하여 끓인 따뜻한 음료이다. 프랑스어로 뱅(vin)은 '와인'을, 쇼(chaud)는 '따뜻한'이라는 뜻을 가지고 있어 따뜻한 와인을 의미한다. 유럽 전역에서 멀드 와인, 글뤼바인, 글뢰기, 글뢰그 등 다양한 명칭으로 불린다.

만드는 방법

= 빌드 Build

머그잔 11.5oz

1 ― 과일 껍질은 베이킹 소다로 문질러 깨끗이 씻고 슬라이스
　　모양으로 썰어둔다.

2 ― 냄비에 레드 와인 1병, 오렌지 2개, 사과 1개, 레몬 1개, 설탕 2Tsp,
　　시나몬 스틱 1개, 팔각 1개, 정향 2개 또는 통후추 3개를 넣고
　　약한 불로 25~30분 정도 끓여준다.

핫 글라스 9oz

3 ― 내용물은 체로 건져 음료만 담고 시나몬 스틱과 과일로 장식한다.

TIP

베이킹 소다

Baking Soda

스테인리스 체(체망)

과일이나 향신료는 취향에 따라 변경이 가능하다.

너무 오래 끓이면 맛이 없어지며, 알코올을 남겨두고
싶으면 짧게 끓여낸다.

그려보기

전체적인 스케치 라인을 잡아주고 어두운 면의 밑색을 먼저 칠한다. 밝은 면의 밑색을 채우고 흰색으로 다듬는다. 그러데이션과 명암을 더 묘사한다.

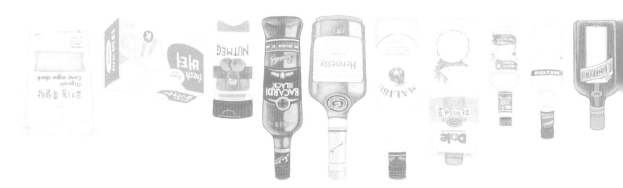

브랜디 베이스

6

브랜디
베이스

푸스 카페

◇◇◇◇◇◇◇◇

그레나딘 시럽 1/3part, 크레임 드 민트 1/3part, 브랜디 1/3part

27% ale./vol.

Grenadine Syrup   Creme
De Menthe(G)

Brandy

색과 밀도가 다른 여러 종류의 술을 섞이지 않도록 무거운 순으로 따라서 만드는 칵테일이다.

만드는 방법

플로팅 Floating

1 ㅡ 그레나딘 시럽 1/3part는 지거를 이용하여 리큐어 글라스 안쪽 면에 묻지 않게
조심해서 넣는다.

2 ㅡ 크레임 드 민트 1/3part, 브랜디1/3part는 지거와 바 스푼 뒷면을 이용해
안쪽 면으로 순서대로 쌓아준다.

리큐어 글라스 2oz

TIP

지거

바 스푼

레시피에는 3종류의 재료를 사용하였으나
색과 밀도를 참고하여 더 층층이 나눌수 있다.

그려보기

전체적인 스케치 라인을 잡아주고 밑칠을 시작한다. 흰색으로 다듬고 명암을 더 넣는다.

ALEXANDER
알렉산더

◇◇◇◇◇◇◇◇

브랜디 22.5ml (3/4oz), 크레임 드 카카오(브라운) 22.5ml (3/4oz),

우유 22.5ml (3/4oz), 넛맥 가루

21% ale./vol.

Brandy

Creme
De Cacao(B)

Nutmeg Powder

Milk

\# 1863년 영국 에드워드 7세의 왕비인 알렉산드라의 이름에서 유래된 칵테일이다. 은은하게 달콤한 맛으로 사랑받는 식후주이다.

―――――――――――――――――――― 만드는 방법 ――――――――――――――――――――

= 셰이크 Shake

1 ― 셰이커와 칵테일 글라스에 얼음을 넣어 잔을 차갑게 한다.

2 ― 셰이커에 브랜디 22.5ml, 크레임 드 카카오(브라운) 22.5ml, 우유 22.5ml를 넣고 셰이킹한다.

3 ― 글라스의 얼음은 빼고, 셰이커의 얼음은 셰이커 뚜껑에 있는 스트레이너로
거른 후 칵테일 글라스에 따른다.

4 ― 넛맥 가루를 살짝 뿌려준다.

칵테일 글라스 5oz

―――――――――――――――――――― TIP ――――――――――――――――――――

셰이커   지거

우유가 들어간 칵테일은 강하고 오래 셰이킹을 해준다.

―――――――――――――――――――― 그려보기 ――――――――――――――――――――

전체적인 스케치 라인을 잡아준다. 밑칠은 너무 진하지 않게 중간 세기로 색칠한다. 흰색으로 다듬고 명암을 더 넣는다.

6

브랜디
베이스

EGG NOG

에그노그

◇◇◇◇◇◇◇◇

브랜디 30ml, 다크 럼 15ml, 설탕 1tsp, 우유, 넛맥 가루

12% ale./vol.

Sugar

1TBP 5ML

Brandy

Dark Rum

Nutmeg Powder

Milk

에그노그는 미국 남부에서 출발한 칵테일이며, 연말파티에 주로 마시는 크리스마스 음료이다.

만드는 방법

셰이크 Shake, 빌드 Build

1 — 셰이커와 올드 패션드 글라스에 얼음을 넣어 잔을 차갑게 한다.

2 — 브랜디 30ml, 다크 럼 15ml, 설탕 1tsp을 셰이커에 넣고 셰이킹한다.

3 — 글라스의 얼음은 빼고, 셰이커의 얼음은 셰이커 뚜껑에 있는 스트레이너로 거른 후
올드 패션드 글라스에 따른다.

4 — 우유를 가득 채우고 바 스푼으로 가볍게 저어준다.

5 — 넛맥 가루를 살짝 뿌려준다.

올드 패션드 글라스
9oz

TIP

바 스푼

지거

셰이커

다크 럼 대신에 버번 위스키를 사용하기도 한다.

- -

차갑게도 먹지만 우유를 데워 따뜻하게
먹기도 한다.

그려보기

전체적인 스케치 라인을 잡아주고 밑칠은 연하게 색칠한다. 흰색으로 다듬는다.

6

브랜디
베이스

사이드 카

◇◇◇◇◇◇◇◇

브랜디 30ml, 레몬주스 15ml, 쿠앵트로 또는 트리플 섹 15ml, 레몬필

Lemon peel

30% alc./vol.

Brandy

Lemon Juice

Cointreau or Triple Sec

\# 1차 세계대전 중에 전쟁터에서 활약했던 사이드 카의 이름을 딴 칵테일이다. 프랑스의 군인이 만들었다는 설과 파리의 바텐더였던 하리 마켈혼이 고안했다고 하는 설이 있다.

───────── 만드는 방법 ─────────

＝ 셰이크 Shake

1　─　셰이커와 칵테일 글라스에 얼음을 넣어 잔을 차갑게 한다.

2　─　셰이커에 브랜디 30ml, 레몬주스 15ml, 쿠앵트로 또는 트리플 섹 15ml를 넣고 셰이킹한다.

3　─　글라스의 얼음은 빼고, 셰이커의 얼음은 셰이커 뚜껑에 있는 스트레이너로 거른 후
　　　 칵테일 글라스에 따른다.

4　─　레몬필로 장식한다.

칵테일 글라스 4oz

───────── TIP ─────────

지거

셰이커　　　필러(감자칼)

브랜디와 레몬주스만으로는 신맛이 너무 강해서 쿠앵트로 또는 트리플 섹으로 단맛을 추가해 주어야 한다.

─ ─

베이스가 되는 브랜디에 따라 칵테일의 맛도 달라진다.

───────── 그려보기 ─────────

전체적인 스케치 라인을 잡아주고 밑색을 채운다. 글라스의 측면은 어두운 명암이 더 들어가므로 살짝 연하게 칠한다.
글라스를 다듬고 명암을 더 넣는다.

리큐어 베이스

7

GRASSHOPPER

그래스호퍼

◇◇◇◇◇◇◇◇

크렘 드 민트 30ml, 크렘 드 카카오(화이트) 30ml,
우유 30ml, 초콜릿, 민트 잎

Mint Leaves

15% ale./vol.

Creme
De Menthe(G)

Creme
De Cacao(W)

Chocolate

Milk

여름 풀밭의 이미지와 부드러운 카카오 향이 조화로운 메뚜기란 뜻의 민트 초코 맛 칵테일이다.

───────── 만드는 방법 ─────────

셰이크 Shake

1 ─ 셰이커와 칵테일 글라스에 얼음을 넣어 잔을 차갑게 한다.

2 ─ 셰이커에 크렘 드 민트 30ml, 크렘 드 카카오(화이트) 30ml, 우유 30ml를 넣고 셰이킹 한다.

3 ─ 글라스의 얼음은 빼고, 셰이커의 얼음은 셰이커 뚜껑에 있는 스트레이너로 거른 후
칵테일 글라스에 따른다.

4 ─ 칼로 긁은 초콜릿 조각이나 민트 잎으로 장식을 한다.

칵테일 글라스 5oz

───────── TIP ─────────

셰이커   지거

크레임 드 카카오는 브라운이 아닌 화이트로 사용해야
예쁜 민트색이 나온다.

───────── 그려보기 ─────────

전체적인 스케치 라인을 잡아주고 밑칠을 시작한다. 흰색과 민트색으로 다듬는다.

JUNE BUG

준벅

◇◇◇◇◇◇◇◇

멜론 리큐어 30ml, 말리부 럼 15ml, 바나나 리큐어 15ml, 파인애플주스 60ml,

스위트 앤 사워 믹스 60ml, 웨지 파인애플, 마라스키노 체리

8% ale./vol.

Melon Liqueur   Malibu   Sweet & Sour Mix   Banana Liqueur   Pineapple Juice

Rum

'6월의 애벌레'라는 뜻으로 우리나라 부산에서 만들어진 트로피컬 칵테일이다.

--- 만드는 방법 ---

셰이크 Shake

1 — 셰이커와 콜린스 글라스에 얼음을 넣어 잔을 차갑게 한다.

2 — 셰이커에 멜론 리큐어 30ml, 말리부 럼 15ml, 바나나 리큐어 15ml, 파인애플주스 60ml, 스위트 앤 사워 믹스 60ml를 넣고 셰이킹한다.

3 — 셰이커의 얼음은 셰이커 뚜껑에 있는 스트레이너로 거른 후 칵테일 글라스에 따른다.

4 — 칵테일 픽으로 마라스키노 체리를 꽂은 웨지 파인애플을 가장자리에 꽂아준다.

콜린스 글라스 12oz

--- TIP ---

칵테일 픽

지거

셰이커

말리부 럼은 코코넛 맛의 화이트 럼이다.

A Wedge of Pineapple   Maraschino Cherry

--- 그려보기 ---

전체적인 스케치 라인을 잡아주고 밑칠을 시작한다. 밑칠을 채운 후 흰색으로 다듬는다.

리큐어
베이스

MINT FRAPPE
민트 프라페

◇◇◇◇◇◇◇◇

크렘 드 민트 45ml, 프라페드 아이스, 민트 잎, 마라스키노 체리

17% ale./vol.

Creme
De Menthe(G)

Frapped Ice

Mint Leaves

Maraschino Cherry

'프라페'란 프랑스어로 '얼음으로 차게 식히다'라는 의미이다. 민트 프라페는 크렘 드 민트 만으로 만든 칵테일로, 프라페 중에서도 가장 인기 있는 칵테일 중 하나이다.

─── 만드는 방법 ───

＝ 빌드 Build

1 ─ 칵테일 글라스에 프라페드 아이스를 가득 채운다.

2 ─ 크레임 드 민트 45ml를 부은 후 민트 잎과 마라스키노 체리로 장식한다.

칵테일 글라스 5oz

─── TIP ───

지거

프라페드 아이스(Frapped Ice): 크러시드 아이스를 망치로 더 잘게 부순 얼음이다.

─── 그려보기 ───

전체적인 스케치 라인과 얼음의 명암을 부드럽게 잡아준다. 민트색 밑칠을 하고 흰색으로 다듬는다.
＊ 얼음의 명암이 너무 복잡하고 어두워지지 않게 주의한다.

CAMPARI SODA

캄파리 소다

◇◇◇◇◇◇◇◇

캄파리 45ml, 탄산수, 레몬 슬라이스

9% ale./vol.

Campari   Soda Water   A Slice of Lemon

\# **이탈리아의 대표적인 리큐어인 캄파리에 탄산수를 넣은 칵테일이다. 캄파리는 단맛이 적고 매우 쓴맛이 나는 식전주이다.**

──────────── 만드는 방법 ────────────

≡ **빌드** Build

1 ─ 얼음이 담긴 글라스에 캄파리 45ml를 넣고 탄산수를 8부까지 채운다.

2 ─ 바 스푼으로 가볍게 저어주고 레몬 슬라이스로 장식한다.

락 글라스 8oz   하이볼 글라스 8oz

──────────── TIP ────────────

탄산수 대신에 오렌지주스를 넣으면 캄파리 오렌지가 된다.

- -

캄파리 소다에 스위트 베르무스를 넣으면 아메리카노 칵테일이 된다.

바 스푼

지거

──────────── 그려보기 ────────────

얼음의 형태를 잡으며 스케치 라인을 잡아준다. 밑색을 채우고 흰색으로 다듬은 후 명암을 더 넣는다.

테킬라 베이스

TEQUILA SUNRISE

테킬라 선라이즈

◇◇◇◇◇◇◇◇

테킬라 45ml, 오렌지주스, 그레나딘 시럽

14% ale./vol.

Tequila

Orange Juice

Grenadine Syrup

오렌지주스와 그레나딘 시럽이 만들어내는 색이 일출을 닮은 멕시코의 롱 드링크 칵테일.

───────────── 만드는 방법 ─────────────

≡ 빌드 Build, 플로팅 Floating

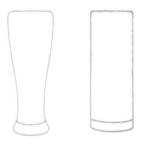

필스너 글라스 11oz   콜린스 글라스 12oz

1 — 글라스에 얼음과 테킬라 45ml를 넣고 오렌지주스를 8부까지 채운다.

2 — 바 스푼으로 가볍게 저어준 후 그레나딘 시럽을 조심스럽게 띄운다.

───────────── TIP ─────────────

지거   바 스푼

무거운 그레나딘 시럽을 나중에 넣어서 그러데이션이 생기게 된다.

어울리는 안주
과일 꼬치

───────────── 그려보기 ─────────────

얼음의 형태를 잡으며 스케치 라인을 잡아준다. 노란색과 붉은색으로 양 끝에서 밑칠을 시작한다. 흰색으로 다듬고 그러데이션과 명암을 더 묘사한다.

MARGARITA
마가리타

◇◇◇◇◇◇◇◇

테킬라 60㎖, 쿠앵트로 또는 트리플 섹 30㎖,

라임주스 30㎖, 소금 리밍

30% ale./vol.

Tequila · Lime Juice · Rimming with Salt · Cointreau or Triple Sec

1949년 로스앤젤레스 바텐더 존 듀레서가 사냥을 갔다가 총기 오발 사고로 죽은 옛 연인의 이름을 붙여 만든 칵테일이다.

─── 만드는 방법 ───

셰이크 Shake

1 ─ 마가리타 글라스 또는 칵테일 글라스에 미리 얼음을 넣어 잔을 차갑게 한다.

2 ─ 글라스의 얼음은 빼고, 글라스 가장자리에(림)에 라임주스를 발라준 후 소금 리밍을 한다.

3 ─ 얼음을 넣은 셰이커에 테킬라 60㎖, 쿠앵트로 또는 트리플 섹 30㎖, 라임주스 30㎖를 넣고 셰이킹한다.

4 ─ 셰이커의 얼음은 셰이커 뚜껑에 있는 스트레이너로 거른 후 칵테일 글라스에 따른다.

칵테일 글라스 5oz

마가리타 글라스 6oz

─── TIP ───

소금 리밍에 사용할 접시

셰이커   지거

리밍(Rimming): 칵테일 가장자리에 과일즙을 묻힌 후 설탕, 소금 등을 묻히는 기법.

림(Rim): 칵테일 글라스의 입이 닿는 끝 부분.

트리플 섹 대신에 블루 큐라소를 넣으면 블루 마가리타가 된다.

─── 그려보기 ───

밑 색으로 진하게 칠한 아이보리색과 연한 연두색을 색칠한다. 아이보리색으로 다듬은 후 글라스의 외곽을 마무리한다.

8

테킬라
베이스

MOCKINGBIRD
모킹버드

◇◇◇◇◇◇◇

테킬라 45ml, 크레임 드 민트 15ml, 라임주스 15ml

25% ale./vol.

Tequila

Creme
De Menthe(G)

Lime Juice

\# 모킹버드란 멕시코와 미국 남부에 서식하고 있는 '흉내지빠귀새' 이름이며, 테킬라 베이스의 달콤한 맛으로 식후주에 어울리는 칵테일이다.

─── 만드는 방법 ───

= 셰이크 Shake

1 ─ 셰이커와 칵테일 글라스에 얼음을 넣어 잔을 차갑게 한다.

2 ─ 셰이커에 테킬라 45ml, 크레임 드 민트 15ml, 라임주스 15ml를 넣고 셰이킹한다.

3 ─ 글라스의 얼음은 빼고, 셰이커의 얼음은 셰이커 뚜껑에 있는 스트레이너로 거른 후 칵테일 글라스에 따른다.

칵테일 글라스 5oz

─── TIP ───

셰이커　　지거

라임 슬라이스, 라임필, 민트 잎 등으로 장식할수 있다.

─── 그려보기 ───

전체적인 스케치 라인을 잡아주고 밑칠을 시작한다. 밑색을 진하게 채우고 흰색으로 다듬는다.

맥주 베이스

9

맥주
베이스

RED EYE

레드 아이

◇◇◇◇◇◇◇◇

맥주 1/2part, 토마토주스 1/2part

3% ale./vol.

Beer   Tomato Juice

\# 맥주의 쌉쌀함과 토마토의 산뜻한 맛이 부드럽게 느껴지는 해장용 칵테일이다. 기본적으로 1:1 비율이지만 취향에 따라 조절할 수 있다.

─── 만드는 방법 ───

= **빌드** Build

1 ─ 필스너 글라스에 미리 얼음을 넣어 잔을 차갑게 한다.

2 ─ 글라스의 얼음은 빼고, 차가운 맥주 1/2part와 차가운 토마토주스1/2part를 글라스에 넣는다.

3 ─ 바 스푼으로 가볍게 저어준다.

필스너 글라스 11㎐

─── TIP ───

바 스푼

브루스케타

어울리는 안주

─── 그려보기 ───

전체적인 스케치 라인을 잡아주고 밑칠을 시작한다. 밑칠을 채운 후 흰색과 붉은색으로 다듬는다. 어두운 부분을 더 표현한다.

BLACK VELVET

블랙 벨벳

◇◇◇◇◇◇◇

흑맥주1/2part, 샴페인 1/2part

10% ale./vol.

Black Beer   Champagne

\# 블랙 벨벳은 1861년 빅토리아 여왕의 남편 앨버트 공의 죽음을 애도하기 위해 만들어졌다. 완성된 색 배합과 맛이 벨벳처럼 부드러워서 여전히 인기 있는 샴페인 칵테일이다.

─────────────── 만드는 방법 ───────────────

= **빌드** Build

1 ─ 글라스에 미리 얼음을 넣어 잔을 차갑게 한다.

2 ─ 글라스의 얼음은 빼고, 차가운 흑맥주 1/2part와 차가운 샴페인 1/2part를 글라스에 넣는다. 흑맥주는 주로 영국계 스타우트나 기네스를 사용한다.

3 ─ 바 스푼으로 가볍게 저어준다.

플루트 글라스 6oz　　필스너 글라스 11oz

─────────────── TIP ───────────────

바스푼

어울리는 안주
카프레제

─────────────── 그려보기 ───────────────

전체적인 스케치 라인을 잡아주고 검은색 부분을 밑칠한다. 흑갈색과 노란색의 밑색을 마저 채운다. 흰색으로 다듬고 그러데이션을 표현한다.

논 알코올

SHIRLEY TEMPLE
셜리 템플

◇◇◇◇◇◇◇◇

그레나딘 시럽 20ml, 진저에일

non alcoholic

Grenadine Syrup   Ginger ale

\# 1930년대, 하와이의 호텔을 자주 방문하던 아역 배우 셜리 템플. 파티에서 술을 마실 수 없는 어린 템플을 위해 만든 칵테일이라고 한다.

— 만드는 방법 —

= 빌드 Build

1 — 얼음이 담긴 콜린스 글라스를 준비한다.

2 — 그레나딘 시럽 20ml를 넣고 진저에일을 8부까지 채운다.

3 — 바 스푼으로 가볍게 저어준다.

콜린스 글라스 12oz

TIP

진저에일 대신에 사이다, 레모네이드를 넣기도 한다.

바 스푼

지거

그려보기

얼음의 형태를 잡으며 스케치 라인을 잡아준다. 밑색을 채우고 흰색으로 다듬는다.

C I N D E R E L L A

신데렐라

◇◇◇◇◇◇◇◇

오렌지주스 25ml, 레몬주스 25ml, 파인애플주스 25ml

non alcoholic

Orange Juice   Lemon Juice

Pineapple Juice

술에 약해서 파티에 참석하지 못하는 신데렐라를 위한 칵테일

만드는 방법

세이크 Shake

칵테일 글라스 5oz

1 — 셰이커와 칵테일 글라스에 얼음을 넣어 잔을 차갑게 한다.

2 — 셰이커에 오렌지주스 25ml, 레몬주스 25ml, 파인애플주스 25ml를 넣고 셰이킹한다.

3 — 글라스의 얼음은 빼고, 셰이커의 얼음은 셰이커 뚜껑에 있는 스트레이너로 거른 후
칵테일 글라스에 따른다.

TIP

셰이커   지거

논 알코올 칵테일 중에서도 특히 인기 있는 칵테일이다.

그려보기

전체적인 스케치 라인을 잡아준다. 밑색을 채우고 흰색으로 다듬는다.

LEMONADE
레모네이드

◇◇◇◇◇◇◇◇

레몬주스 45ml, 설탕 3tsp, 물, 레몬 슬라이스

non alcoholic

Lemon Juice   Water   Sugar   A Slice of Lemon

레모네이드는 레몬즙에 설탕과 물을 섞은 청량음료이다. 에이드란 과즙에 설탕과 물을 섞었다는 뜻이지만 물 대신에 탄산수를 섞어 마시는 경우가 많다.

만드는 방법

≡ 빌드 Build

1 — 얼음이 담긴 글라스를 준비한다.

2 — 레몬주스 45ml, 설탕 3tsp, 레몬 슬라이스를 넣고 물을 8부까지 채운다.

3 — 바 스푼으로 가볍게 저어준다.

콜린스 글라스 12oz

머그 글라스 15oz

TIP

지거

바 스푼

오렌지에이드, 라임에이드도 각각 오렌지주스와 라임 주스를 사용하여 만든 것이다.

TREVI
Plain

그려보기

색칠을 하기 전 스케치 라인을 먼저 정리한다. 레몬색으로 채운 후 명암을 더 넣는다.

커피 베이스

커피
베이스

BLACK RUSSIAN

블랙 러시안

◇◇◇◇◇◇◇◇

보드카 30ml, 커피 리큐어 15ml

37% ale./vol.

Vodka   Coffee Liqueur

블랙 러시안은 공산주의였던 구 소련의 **KGB**의 횡포에 저항한다는 뜻을 가진 칵테일이다.

만드는 방법

= 빌드 Build

1 — 올드 패션드 글라스에 얼음을 넣는다.

2 — 보드카 30ml, 커피 리큐어 15ml를 넣고 바 스푼으로 가볍게 저어준다.

올드 패션드 글라스
9oz

TIP

커피 리큐어는 칼루아를 사용하면 된다.

- -

크림이나 우유를 넣으면 화이트 러시안(White Russian)이 된다.

지거

바 스푼

어울리는 안주 〉 찹스테이크

그려보기

① ② ③

전체적인 스케치 라인을 잡아주고 어두운 면의 밑색을 먼저 칠한다. 밝은 면 밑색을 채우고 흰색으로 다듬는다. 그러데이션과 명암을 더 묘사한다.

B - 5 2

비 52

◇◇◇◇◇◇◇◇

커피 리큐어 1/3part, 베일리스 1/3part, 그랑 마니에르 1/3part

25% ale./vol.

Coffee Liqueur

Bailey's Irish
Cream Liqueur

Grand Marnier

\# B-52는 미국의 가장 규모가 큰 기종의 전략 폭격기 이름이다. 각 리큐어의 밀도 차이를 이용하여 술이 섞이지 않게 층을 분리하는 칵테일이다.

만드는 방법

= 플로팅 Floating

샷 글라스 1oz

1 — 커피 리큐어1/3part는 지거를 이용하여 셰리 글라스 또는 샷 글라스 안쪽 면에 묻지 않게 조심해서 넣는다.

2 — 베일리스1/3part, 그랑 마니에르1/3part는 지거와 바 스푼 뒷면을 이용해 안쪽 면으로 순서대로 쌓아준다.

셰리 글라스 2oz

TIP

지거   바 스푼

맨 위에 도수 높은 술을 띄워 불을 붙이면 플레이밍(Flaming) B-52가 된다.

그려보기

전체적인 스케치 라인을 잡아주고 어두운 색부터 밑색을 칠한다.

커피
베이스

KAHLUA & MILK

칼루아 밀크

◇◇◇◇◇◇◇◇

칼루아 45ml, 우유

9% ale./vol.

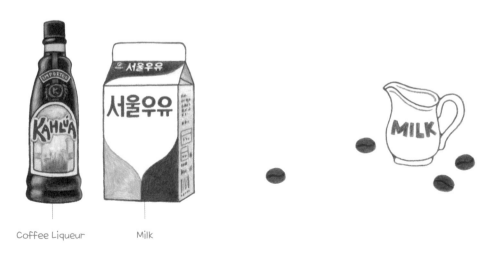

Coffee Liqueur   Milk

 # 커피 리큐어 칼루아와 우유를 넣은 심플한 칵테일이다.

만드는 방법

= 빌드 Build

1 — 얼음이 담긴 올드 패션드 글라스를 준비한다.

2 — 칼루아 45ml를 넣고 우유를 8부까지 채운다.

3 — 바 스푼으로 가볍게 저어준다.

올드 패션드 글라스
9oz

TIP

지거

바스푼

칼루아 커피: 칼루아 30ml, 에스프레소 120ml, 생크림이
들어간 칼루아 칵테일이다

어울리는 안주

HERSHEY'S
MILK CHOCOLATE

초콜릿

그려보기

전체적인 스케치 라인을 잡아주고 밑칠을 시작한다. 흰색으로 다듬고 그러데이션과 명암을 더 묘사한다.

IRISH COFFEE
아이리시 커피

◇◇◇◇◇◇◇

아이리시 위스키 45ml, 설탕 2tsp, 핸드드립 커피 1cup, 생크림 1/3cup

Sugar

14% ale./vol.

Brewed Coffee

Fresh Cream   Irish Whisky

\# **1942년 아일랜드의 국제공항에 위치한 레스토랑의 바텐더가 추위와 피로에 지친 사람들을 달래주기 위해서 만든 칵테일.**

─── 만드는 방법 ───

= **빌드** Build

1 ─ 아이리시 커피 글라스 또는 핫 글라스를 준비한다.

2 ─ 핸드드립 커피 1cup, 설탕 2tsp, 아이리시 위스키 45ml를 넣는다.

3 ─ 바 스푼으로 가볍게 저어주고 생크림을 띄운다.

아이리시 커피 글라스 9oz

─── TIP ───

지거   바 스푼

핸드드립 커피 대신에 에스프레소(Espresso) 60ml, 따뜻한 물(Hot Water) 2/3cup을 사용하기도 한다.

- -

아이리시 커피는 차가운 몸을 데워주는 역할 외에 피로를 풀어주는 기능도 있다.

- -

설탕 대신에 흑설탕을 넣으면 더 깊이 있는 맛이 된다. 흑설탕은 당밀을 제거하지 않은 설탕이다. 색소로 검게 만들거나 당밀이 조금 들어간 흑설탕이 많으므로 성분을 잘 확인해야 한다.

─── 그려보기 ───

전체적인 스케치 라인을 잡아주고 밑칠을 시작한다. 글라스의 가장자리는 약간 밝고 붉게 색칠한다. 흰색으로 다듬는다.

❶ 브루스게타 Bruschetta

납작하게 잘라 구운 빵 위에 각종 재료를 얹어
먹는 전채요리이다.

1 — 바게트 빵을 납작하게 썬 후 토스트기
      나 오븐에 살짝 구어 준다.

2 — 빵 위에 크림치즈를 발라준다.

3 — 작게 썬 토마토와 바질에 소금, 후추,
      올리브유를 넣은 후 비벼준다.

4 — 빵 위에 만들어 둔 재료를 얹어준다.

❷ 카프레제 Caprese

토마토, 모차렐라 치즈, 바질을 넣어 만든 이
탈리아 카프리 풍의 샐러드이다.

1 — 토마토와 모차렐라 치즈를 납작하게
      썬다.

2 — 바질로 장식한 후 올리브오일과 소금
      을 살짝 뿌려 준다.

❸ 찹스테이크 Chop steak

쇠고기와 채소에 스테이크 소스를 넣고 볶는
고기 요리이다.

1 — 스테이크용 소고기에 올리브유, 소금,
      후추를 넣고 재워둔다.

2 — 프라이팬에 버터를 녹이고 소고기, 양
      파, 당근, 파프리카, 다진 마늘, 올리브
      유를 넣는다.

3 — 스테이크 소스, 굴 소스, 케첩, 올리고당
      을 넣고 볶아준다.

❹ 과일 꼬치 Fruit skewers

꼬치에 과일을 끼워 먹는 핑거푸드이다.

❻ 하몽 Jamon

돼지 뒷다리의 넓적다리 부분을 통째로 잘라
소금에 절여 건조, 숙성시켜 만든 스페인의 대
표적인 햄이다.

❺ 초콜릿 Chocolate

카카오 원두를 볶아서 반죽 후에 밀크, 버터,
설탕, 향료 등을 첨가하여 굳힌 과자이다. 멕
시코 원주민들이 먹던 것이 유럽에 전해지며
19세기 초 과자로 등장하게 되었다.

칵테일 레시피

1판 1쇄 인쇄 2020년 02월 20일   1판 1쇄 발행 2020년 02월 25일
1판 2쇄 인쇄 2023년 02월 20일   1판 2쇄 발행 2023년 02월 25일

지 은 이 타시
발 행 인 이미옥
발 행 처 아이생각
정   가 15,000원
등 록 일 2003년 3월 10일
등록번호 220-90-18139
주   소 (03979) 서울 마포구 성미산로 23길 72 (연남동)
전화번호 (02)447-3157~8
팩스번호 (02)447-3159

ISBN 978-89-97466-62-7 (13590)
I-20-01

i THINK
아이생각